Nina Wingerter, Florian Grondke

Die Unendlichkeit der natürlichen Zahlen und die Beweismethode der vollständigen Induktion

GRIN Verlag

Bibliografische Information der Deutschen Nationalbibliothek:

Die Deutsche Bibliothek verzeichnet diese Publikation in der Deutschen National-
bibliografie; detaillierte bibliografische Daten sind im Internet über http://dnb.d-
nb.de/ abrufbar.

Impressum:

Copyright © 2006 GRIN Verlag GmbH
Druck und Bindung: Books on Demand GmbH, Norderstedt Germany
ISBN: 978-3-638-81833-9

Dieses Buch bei GRIN:

http://www.grin.com/de/e-book/76601/die-unendlichkeit-der-natuerlichen-zahlen-
und-die-beweismethode-der-vollstaendigen

GRIN - Your knowledge has value

Der GRIN Verlag publiziert seit 1998 wissenschaftliche Arbeiten von Studenten, Hochschullehrern und anderen Akademikern als eBook und gedrucktes Buch. Die Verlagswebsite www.grin.com ist die ideale Plattform zur Veröffentlichung von Hausarbeiten, Abschlussarbeiten, wissenschaftlichen Aufsätzen, Dissertationen und Fachbüchern.

Besuchen Sie uns im Internet:

http://www.grin.com/

http://www.facebook.com/grincom

http://www.twitter.com/grin_com

Westfälische Wilhelms-Universität Münster
Institut für Didaktik der Mathematik
Wintersemester 2006/07
Seminar: Zahlbereiche

Die Unendlichkeit der natürlichen Zahlen und

die Beweismethode der vollständigen Induktion

Nina Wingerter   Florian Grondke

Gliederung

1. Die Unendlichkeit der natürlichen Zahlen

1.1 Begründung hinsichtlich der Peano-Axiome

Peano-Axiome (vgl. Padberg 1999, S.26)

1. $1 \in N$

   Die 1 ist eine natürliche Zahl

2. Für alle $x \in N$ gilt: $v(x) \neq 1$

   Die 1 ist kein Nachfolger irgendeiner natürlichen Zahl

3. Für alle $x, y \in N$ gilt: Aus $x \neq y$ folgt $v(x) \neq v(y)$

   Verschiedene Zahlen haben verschiedene Nachfolger

4. Ist M eine Teilmenge von N mit $1 \in M$ und enthält M zu jedem Element auch

   dessen Nachfolger, so gilt M = N

Die Menge der natürlichen Zahlen wird über die Peano-Axiome definiert. Wenn wir nun davon ausgehen, dass alle Axiome erfüllt sind, müssen in dieser Menge sämtliche Elemente der natürlichen Zahlen enthalten sein. Rekursiv lässt sich nach den Axiomen der Bereich der natürlichen Zahlen auch so definieren:

$$n_1 = 1; \; n_2 = n_1 + 1$$

Mit dieser Schreibweise kann man erkennen, dass die Menge der natürlichen Zahlen unendlich viele Elemente aufweist, da jede Zahl einen Nachfolger besitzt und deshalb immer eine größere Zahl existiert.

Über das vierte Peano-Axiom kann man hier anmerken, das dieses die Grundlage für die Beweismethode der vollständigen Induktion ist.

1.2 Hilberts Hotel

Um der Unendlichkeit ein wenig ihre Abstraktheit zu nehmen und ihr „in mancher Hinsicht ganz anderes Verhalten als von endlichen Mengen" (Reis 2005, S. 33) zu erläutern, wird auch gerne das bekannte Beispiel von David Hilbert (1862-1943) benutzt.

> „Das Hotel Universum hat die unendlich vielen Zimmer 1, 2, 3, …, die an diesem Tag alle belegt sind. Nun kommt jedoch noch ein Wanderer, der ein Zimmer für die Nacht sucht. Der Hotelier löst dieses Problem geschickt, indem er dem „Neuen" das Zimmer mit der Nummer 1 zuweist und die übrigen Hotelgäste bittet, in das Zimmer mit der nächst höheren Zimmernummer umzuziehen. So haben alle ein Dach über dem Kopf."
> (vgl. Padberg 1999, S.45)

Mathematisch gesehen haben wir hier „eine Abbildung f : N $\rightarrow$ N \ {1} auf der Menge der Hotelzimmer definiert mit f : x $\rightarrow$ x+1" mit f ist bijektiv.

1.3 Mächtigkeit

Satz 2.2.1 (vgl. Reis 2005, S. 34)

Es gibt genauso viele natürliche Zahlen wie es gerade natürliche Zahlen gibt. Die Mächtigkeit von N ändert sich nicht, wenn man 10, 100, 1000 Zahlen wegnimmt. Sei etwa M = N \ {1,2,3... ,100} dann ist $|M| = |N|$

Der Hotelier konnte sein Problem natürlich nur lösen, da er in seinem Hotel unendlich viele Zimmer zur Verfügung stehen hat. Er könnte auch noch abzählbar unendlich viele Personen in seinem Hotel unterbringen, indem er jeden Hotelgast bittet von seinem Zimmer n in das Zimmer 2n umzuziehen. Nun wären alle Zimmer mit ungerader Nummer unbelegt und frei für die abzählbar unendlich vielen neuen Gäste. Wenn der Hotelier gleich ein „paar" Zimmer mehr freihaben möchte, so zu sagen als Reserve, könnte er die Hotelgäste von n nicht nach 2n verlegen sondern in die Zimmer 3n oder 5n.

Es gilt allgemein:

Definition 9 (vgl. Padberg 1999, S.46)

Sei M eine Menge. M heißt genau dann unendlich, wenn es eine echte Teilmenge T von M und eine bijektive Abbildung

$$F : M \rightarrow T \text{ gibt mit } f(M) = T.$$

M heißt genau dann endlich, wenn M nicht unendlich ist.

2. Die Methode der Vollständigen Induktion

2.1 Grundprinzip

Das Verfahren der vollständigen Induktion, beruht auf dem Satz der vollständigen Induktion (vgl. Gorski/ Müller-Philipp 2005, S. 8):

Sei $M \subseteq N$ und es gelten die beiden folgenden Bedingungen:

 1. $1 \in M$

 2. $\forall n \in N$ gilt: $n \in M \Rightarrow (n+1) \in M$

 Dann gilt M = N

Das heißt also, gibt es eine Menge von natürlichen Zahlen, die die 1 enthält, und wenn zu jedem beliebigem Element n der Menge M auch sein Nachfolger (n+1) gehört, dann muss die Menge M mit der Menge N identisch sein.

Anzumerken ist hier, dass die Beweismethode der vollständigen Induktion nur auf die natürlichen Zahlen anwendbar ist, da auf andere Zahlbereiche keine bijektive Abbildung existiert.

2.2 Herleitung des Verfahrens der vollständigen Induktion

Im Folgenden soll das Prinzip der Beweismethode der vollständigen Induktion an der Ermittlung der Summen aufeinander folgender, ungerader, natürlichen Zahlen ermittelt werden:

$A(1)$: $s_1 = 1 = 1 = 1^2$

$A(2)$: $s_2 = 1 + 3 = 4 = 2^2$

$A(3)$: $s_3 = 1 + 3 + 5 = 9 = 3^2$

$A(4)$: $s_4 = 1 + 3 + 5 + 7 = 16 = 4^2$

...   .

Die folgende geometrische Darstellung soll diesen Zusammenhang nochmals verdeutlichen:

$$\square \qquad \boxplus \qquad \boxplus \qquad \boxplus$$

$$1 = 1^2 \qquad 1+3 = 2^2 \qquad 1+3+5 = 3^2 \qquad 1+3+5+7 = 4^2$$

Aufgrund   dieser   Ergebnisse lässt sich vermuten, dass sich diese Reihe unendlich fortsetzen lässt, so dass gilt:

$$A(n)\text{: } s_n = 1+3+5+7\ldots+(2n-1) = \sum_{i=1}^{n}(2i-1) = n^2 \qquad n \in \mathbb{N}$$

Die Richtigkeit der Vermutung wurde bis jetzt nur für die ersten vier Glieder der Zahlenfolge bewiesen. Es ist somit nicht auszuschließen, dass ein beliebiges n-tes Glied die Vermutung widerlegt. Somit muss die oben genannte Aussage erst bewiesen werden, wozu die allgemeine Nachfolgeeigenschaft der natürlichen Zahlen hinzugezogen wir:

„Wenn eine Aussage A für eine bestimmte Zahl n_0 [...] gilt und es außerdem zu zeigen gelingt, dass aus der angenommenen Gültigkeit für eine beliebige Zahl k stets die Gültigkeit für die folgende Zahl (k+1) folgt, so erreicht man jede natürliche Zahl." (Weber/ Zillmer 1996, S. 44)

Es muss also gelten: Wenn für eine beliebige, natürliche Zahl k die Aussage A(k) gilt, dann gilt diese Aussage auch für den Nachfolge (k+1), kurz: A(k) $\Rightarrow$ A(k+1)

Behauptung:

Für alle $n \in N$ gilt: *1+2+5+7+...+(2n-1)* = $\sum_{i=1}^{n} (2i-1) = n^2$

Induktionsanfang: Die Behauptung gilt für *n=1: (2*1-1)* = *1²*

Induktionsvoraussetzung. Die Behauptung gilt für jedes beliebige k = n:

A(k): s_k = *1+3+5+...+(2k-1)* = $\sum_{i=1}^{n} (2i-1) = k^2$

Induktionsbehauptung: Es wird behauptet, dass die Aussage auch für den Nachfolger von k = (k+1) gilt:

A(k+1): s_{k+1} = 1+3+5+...+(2k-1)+(2k+1) = $\sum_{n=i+1}^{k+1} (2i-1) = (k+1)^2$

Induktionsschluss

Linke Seite der Gleichung:

$\quad$ *[2(k+1)-1] + (2k-1)*

$\Rightarrow$ = *(2k+1) + k²* $\qquad\qquad$ nach Induktionsvoraussetzung

$\Rightarrow$ = *k²+2k+1*

Rechte Seite der Gleichung:

$\quad$ *(k+1)²*

$\Rightarrow k²+2k+1$ $\qquad\qquad$ nach 1. binomischer Formel

Da die rechte und linke Seite der Gleichung übereinstimmen ist die Implikation

A(n) $\Rightarrow$ A(n+1) bewiesen

2.3 Allgemeiner Aufbau

Der erste Schritt der vollständigen Induktion wird als Induktionsanfang bezeichnet. Man beweist, dass eine Aussage A(n) für eine bestimmt Zahl n_0, meist 0 oder 1, gültig ist.

In einem zweiten Schritt formuliert man die Induktionsvoraussetzung, in der die Gültigkeit von A(n) für ein beliebiges n=k festgesetzt wird. Im anschließenden Induktionsschluss beweist man, dass die Aussage A(n) auch für den Nachfolger von k, also n = (k+1), gültig ist. Der Induktionsschluss liefert damit eine Aussage über die Gültigkeit des Schlusses von A(k) auf A(k+1).

Somit ist bewiesen, dass man durch die Fortsetzung der Reihe $A(n_0) \Rightarrow A(k) \Rightarrow A(k+1) \Rightarrow A(n)$ jede natürliche Zahl $\geq n_0$ erricht und die Aussage A(n) somit allgemeingültig ist.

2.4 Verlagerung des Induktionsanfangs (vgl. Padberg 1999, S.15)

Bei Beweisen durch vollständige Induktion ist der Induktionsanfang nicht zwingend auf die Zahl 1 festgelegt. Es gilt entsprechend:

$$\left[A(2) \wedge \forall n(A(n) \Rightarrow A(n+1))\right] \Rightarrow \forall n \geq 2 A(n)$$

$$\left[A(3) \wedge \forall n(A(n) \Rightarrow A(n+1))\ \right] \Rightarrow \forall n \geq 3 A(n)$$

Beispiel:

Behauptung: $7n+11 < 3^n$ (für alle $n \in N \neq 0$)

Induktionsanfang: Die Behauptung gilt für $n \geq 4$:

$$7 * 4 + 11 < 3^4$$

$$\Rightarrow \qquad 39 < 81$$

Induktionsvoraussetzung: Die Behauptung gilt für jedes k = n mit $k \in N \geq 4$

$$7k + 11 < 3^k$$

Induktionsschluss: Die Behauptung gilt für n = (k+1)

$$7(k + 1) + 11 < 3^{k+1}$$

$$7(k + 1) + 11$$

$$= 7k + 18$$

$$= 7k + 11 + 7$$

$$= (7k + 11) + 7$$

$$< 3^k + 7 \qquad \text{nach Induktionsvoraussetzung}$$

$$< 3^k * 3 \qquad \text{da } k \geq 4$$

$$< 3^k * 3^1$$

$$< 3^{k+1}$$

7

2.5 Didaktische Darstellung

Schülerinnen und Schülern fällt es häufig schwer, das Prinzip der vollständigen Induktion zu verstehen. Häufig wird angenommen, dass, wenn für eine Aussage für eine bestimmte Anzahl von Elementen gezeigt wurde, dass sie gilt, diese Aussage auch allgemeingültig ist. Ein typisches Beispiel hierfür liefert z.b. der Einsatz des so genannten „Eulerschen Beispiels". (vgl. Padberg 1995, S. 15) Hierbei soll gezeigt werden, dass die Behauptung: $n^2 +$ n+41 für alle $n \in N$ eine Primzahl ist. Setzt man für n die ersten 39 natürlichen Zahlen ein, erhält man stets eine wahre Aussage, weshalb man darauf schließen könnte, dass diese Aussage für alle natürlichen Zahlen gilt. Setzt man jedoch für n die Zahl 40 ein erhält man den Term:

$$40^2 + 40 + 41$$

$$= 40 * 41 + 41$$

$= 41 * (40 + 1)$ und erhält somit einen Widerspruch, da die erhaltene Zahl durch 41 teilbar ist.

Somit lässt sich den Schülerinnen und Schülern verdeutlichen, wozu das Beweismittel der vollständigen Induktion notwendig ist.

Veranschaulichen lässt sich diese Methode durch den Einsatz von Dominosteinen. Tippt man einen Stein an, fällt auch der nächste Stein, worauf hin auch der Nachfolger fällt. Diese Kette ist unendlich fortführbar.

Mit gewissen Einschränkungen kann man die vollständige Induktion auch mit dem Besteigen einer Leiter vergleichen (vgl. Gorski/ Müller-Philipp 2005, S. 11).

Als erstes erklärt man jemandem, der noch nie eine Leiter bestiegen hat, wie er auf die erste Sprosse dieser Leiter gelangt, was dem Induktionsanfang entspräche. Nun braucht man ihm nicht weiter zu erklären, wie er auf die zweite, dritte,

Abb. 1: Dominosteine
(Quelle: Eigene Erstellung)

vierte etc. Sprosse gelangt, da jeder Schritt derselbe ist.

Häufig wird auch die Anekdote des Mathematikers Carl Friedrich Gauß (1777-1855) erzählt. (vgl. Padberg 1995, S. 15)

Als Schüler wollte der Lehrer in einer Stunde die Schüler beschäftigen und stellt die Aufgabe, die Zahlen von 1 bis 100 zusammen zu zählen. Gauß meldete sich nach kürzester Zeit und hatte das richtige Ergebnis. Vermutet wird, dass er den folgenden Trick angewendet hat: Er fasste den ersten Summanden mit dem letzten zusammen, den zweiten mit dem vorletzten u.s.w. Da diese Teilsummen immer den Wert 101 ergaben, musste er noch die Zahl 101 mit der halben Zahl der zu addierenden Summanden multiplizieren und erhielt so das gewünschte Ergebnis:

$1+2+3+...+98+99+100 = (100+1) + (99+2)+...+(51+50) = 50*101 = \qquad = 5050$

Es galt also die Formel:

$$\sum_{i=1}^{n} i = \frac{n(n+1)}{2} \qquad \forall n \in N$$

Der Beweis lässt sich durch vollständige Induktion führen:

Induktionsanfang: Die Behauptung gilt für n= 1:

$$1 = \frac{1(1+1)}{2}$$

Induktionsvoraussetzung: Die Behauptung gilt für ein beliebiges k = n:

$$\sum_{k=1}^{\infty} k = \frac{k(k+1)}{2} \qquad \forall k \in N$$

Induktionsschluss: Die Behauptung gilt für $n = (k+1)$

$$\sum_{n=k+1}^{\infty} k + 1 = (k+1)[(k+1)+1]$$

linke Seite: $1+2+3+...+k+(k+1)$

$= 1+2+3+...+ \frac{k(k+1) + (k+1)}{2}$ \qquad nach Induktionsvoraussetzung

$= 1+2+3+...+k(k+1) + 2(k+1)$

$=1+2+3+...+k^2+k+2k+2$

$= 1+2+3+...+k^2+3k+2$

rechte Seite: $(k+1)[(k+1)+1]$

$= (k+1)(k+2)$

$= k^2+3k+2$

Da die rechte und linke Seite der Gleichung übereinstimmen ist die Implikation

$A(n) => A(n+1)$ bewiesen.

2.6 Beispiele

2.6.1 Geometrische Beispiele

a) Färbungsproblematik

Behauptung: Hat eine Landkarte ausschließlich gerade Eckenordnungen, so lässt sie sich
immer mit zwei Farben zulässig färben.

Beweis über vollständige Induktion über die Anzahl der Geraden.

Induktionsanfang: n=1

Eine Gerade zerteilt die Ebene in 2 Flächen. Eine färben wir z.B. weiß,
die andere grau.

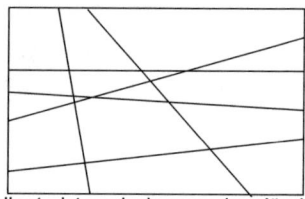

Induktionsvoraussetzung: Eine Landkarte aus n Gerade ist zulässig färbbar mit 2 Farben.

Induktionsschluss: Zu zeigen: Die Landkarte ist auch dann noch zulässig färbbar,
wenn eine (n+1)te Gerade eingeführt wird.

Zunächst ist die Färbung nicht mehr zulässig (entlang der
Geraden). Auf beiden Seiten der neuen Geraden ist die
Färbung aber richtig.

Wir belassen die Färbung auf einer Seite der neuen Gerade und vertauschen die Farben auf
der anderen Seite, was an Zulässigkeit der Färbung nichts ändert.

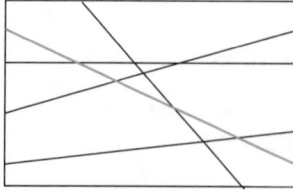
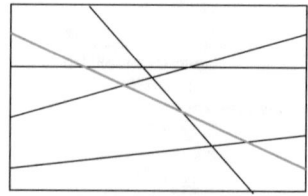

b) Eulersche Formel

Behauptung: Für jeden planaren, zusammenhängenden Graphen mit e Ecken, k   Kanten
und f Flächen gilt: e-k+f=2

Beweis über vollständige Induktion über die Anzahl der Ecken und Kanten, d.h. wie bauen
einen beliebigen zusammenhängenden planaren Graphen kantenweise auf.

0.) Der Graph besteht aus 0 Kanten. Dann gilt: e=1, k=0, f=1 und e-k+f=2   • E_1

Induktionsanfang:

1.) Der Graph besteht aus einer Kante.

1.1) Die Kante verbindet zwei Ecken.

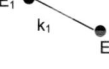

Dann gilt: e=2, k=1, f=1 und nach Induktionsvoraussetzung e-k+f=2

1.2) Die Kante ist eine Schlinge.

Dann gilt: e=1, k=1, f= 2 und e-k+f=2

Induktionsschluss:

2.) Wenn wir den zusammenhängenden planaren Graphen bereits aus n Kanten aufgebaut
haben und für diesen Graphen e-k+f= 2 gilt und wir nun eine (n+1)te Kante
hinzunehmen, sind mehrere Fälle möglich:

1. Fall: Die bestehende Kante könnte zwei bestehende Ecken verbinden. Dann bleibt in e-
k+f=2 e konstant, k und f erhöhen sich um 1.

2. Fall: Die (n+1)te Kante ist eine Schlinge. Dann gilt für die Eulersche Formel das Gleiche
wie im Fall1.

3. Fall: Die (n+1)te Kante erzeugt eine neue Ecke. Dann erhöht sich e um 1, k um 1 und f
bleibt konstant. Dann gilt weiterhin: e-k+f=2

2.6.2 Beweis der BERNOUILLIschen Ungleichung

<u>Behauptung</u>: Ist x eine reelle Zahl mit $x \geq -1$ und $x \neq 0$. Dann gilt für alle $n \in \mathbb{N}$ die BERNOULLIsche Ungleichung:

$$A(n): 1 + nx \leq (1 + x)^n$$

<u>Induktionsanfang:</u> Man prüft, ob die BERNOULLIsche Ungleichung für ein kleines n_0 erfüllt ist.

Dazu wählt man $n_0 = 1$ und setzt es in die Ungleichung ein.

$$A(1): 1 + 1x \leq (1 + x)^1$$

$$\Leftrightarrow 1 + x \leq 1 + x$$

Als Ergebnis erhält man eine wahre Aussage, da auf beiden Seiten der Ungleichung der gleiche Term steht.

<u>Induktionsvoraussetzung</u>: Die Behauptung gilt für ein beliebiges n=k:

$$A(k): 1 + kx \leq (1 + x)^k$$

<u>Induktionsschluss</u>: Die Behauptung gilt auch für den Nachfolger von k = (k+1):

$$A(k+1): 1 + (k+1)x + kx \leq (1+x)^{k+1}$$

$$(1+x)^{n+1} = (1+x)^n * (1+x) \geq (1+nx)(1+x)$$

$$= 1+x+nx+nx^2 \geq 1+x+nx$$

$$= 1+(n+1)x$$

2.6.3 Beweis zur Teilbarkeit

<u>Behauptung</u>: 47 ist ein Teiler von $7^{2n}-2n$

<u>Induktionsanfang</u>: Die Behauptung gilt für n=1:

$$7^2 = 2*1$$

<u>Induktionsvoraussetzung</u>: 47 ist ein Teiler für $7^{2k}-2k$

<u>Induktionsschluss</u>: Die Behauptung gilt für n = k+1:

$$47 \text{ ist Teiler von } 7^{2(k+1)} - 2(k+1)$$

$$(7^2)^{k+1} - 2^{k+1}$$

$$= (7^2)^k * (7^2) - 2^{k+1}$$

$$= (7^2)^k * (7^2 - 2) + 2 * (7^2)^k - 2*2^k$$

$$= (7^2)^k * (7^2-2) + 2*(7^2)^k - 2 * 2^k$$

$$= (7^2)^k * (7^2 - 2) + 2 * [(7^2)^k - 2^k]$$

Jeder der beiden Summanden enthält also einen Faktor, der nach Induktionsvoraussetzung durch 47 teilbar ist. Folglich ist der gesamte Ausdruck durch 47 teilbar.

2.7 Häufige Fehler (vgl. Reis 2005, S. 36)

Bei der vollständigen Induktion treten immer wieder bestimmte typische Fehler auf. Diese Fehler sind auf nicht korrekte Anwendung der Methode zurückzuführen und liegen nicht in der Methode selber begründet. Hierbei kommen zwei Fehler besonders häufig vor.

1. Der Induktionsanfang wird weggelassen. Der Induktionsschritt funktioniert zwar aber die Verankerung, der Induktionsanfang, gilt nicht.

Behauptung: $1 + 2 + 3 + \dots + n = \dfrac{n(n+1)}{2} + 7$

Wenn wir nun den Induktionsanfang außer acht lassen und nur den Induktionsschritt betrachten, würde die Behauptung für A(n) und A(n+1) gelten und man könnte glauben das man diese Behauptung allgemein bewiesen hat. Der Induktionsbeweis ist aber falsch, da sich kein n für den Induktionsanfang finden lässt. Der Induktionsanfang ist zwar „oft der einfachste Teil des ganzen Beweises, aber deshalb keineswegs überflüssig." (Reis 2000, S. 36)

2. Der Induktionsschritt hat nicht für alle n Gültigkeit. Es existiert mindestens ein $n \geq n_0$, für das es nicht anwendbar ist. Es ist also sehr wichtig bei der vollständigen Induktion, dass man sich über den genauen Geltungsbereich im Klaren ist.

Behauptung: Alle Zahlen sind gleich.

Beweis: Wir vergleichen Mengen von Zahlen, dabei sei n die Anzahl der Elemente der Menge.

Induktionsanfang: Für n = 1 sind alle Elemente der Menge gleich, es gibt ja nur eines.

Induktionsvoraussetzung: Angenommen, in einer Menge mit n Zahlen sind stets alle Zahlen gleich

Induktionsschritt: Dann sind auch alle Zahlen in einer Menge mit n + 1 Zahlen gleich, denn entfernt man aus der (n+1)-elementigen Menge eine Zahl x, dann erhalten wir eine n-elementige Menge, in der nach Voraussetzung alle Zahlen gleich sind. Fügen wir x wieder hinzu und entfernen eine andere Zahl y, dann sind wieder alle Zahlen der Restmenge gleich. Es folgt, dass x = y gelten muss, also sind alle Zahlen der Menge gleich.

Der Fehler liegt darin, dass man nur dann verschiedene Zahlen x und y entfernen kann, wenn die Menge mindestens 2 Elemente hat ($n \geq 2$).

13

Der Schluss von n auf n + 1 ist also nur für $n \geq 2$ korrekt. Dass die Behauptung für n = 1 richtig ist hilft uns nicht, da auf diesen Fall der Induktionsschritt überhaupt nicht anwendbar ist.

3. Literatur:

- Gorski, H.-J./ Müller-Philipp, S.: Leitfaden Arithmetik. Wiesbaden. 2005
- Gorski, H.-J./ Müller-Philipp, S.: Leitfaden Geometrie. Wiesbaden. 2001
- Kuschel, T.: Skript zum Seminar „Elementare Beweismethoden". Karlsruhe. 2006
- Padberg, F./ Danckwerts, R./ Stein, M.: Zahlbereiche. Heidelberg. 1995
  Paetec Verlag, 1996
- Reis, K.(Schmider, G.: Basiswissen Zahlentheorie. Berlin. 2005
- Weber, Karlheinz / Zillmer, Wolfgang: Mathematik Leistungskurs